BULLETIN

DU

PROCÉDÉ DE MACÉRATION

POUR L'EXTRACTION

DE LA MATIÈRE SUCRÉE

DE

LA BETTERAVE.

Par C.-J.-A. MATHIEU DE DOMBASLE.

2.ᵉ CAHIER.

A PARIS, chez Mme HUZARD, rue de l'Éperon, n.° 7.
A LILLE, chez M. VANAKER, fils.
A ARRAS, chez M. Jean DEGEORGE.

1834.

BULLETIN

DU

PROCÉDÉ DE MACÉRATION

POUR L'EXTRACTION

DE LA

MATIÈRE SUCRÉE DE LA BETTERAVE.

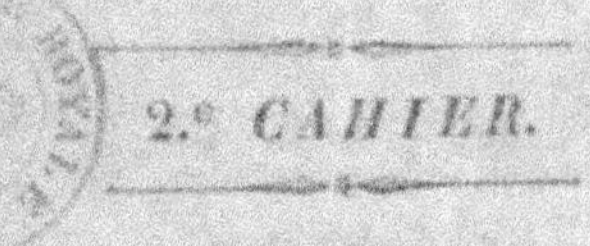

2.e CAHIER.

Dans le premier cahier de ce bulletin, publié en avril 1832, j'ai rendu compte des expériences auxquelles je m'étais livré dans le cours de l'hiver précédent, sur l'extraction de la matière sucrée de la betterave par le moyen de la macération, c'est-à-dire, en faisant absorber la matière sucrée par de l'eau dans laquelle on tient plongées les betteraves découpées. J'ai fait voir comment s'exerce l'action de l'affinité dans ce cas, après qu'on a détruit le principe de vie des racines par le moyen de l'application d'un degré de chaleur suffisant; et j'ai montré par quelles combinaisons on peut arriver à extraire ainsi de la betterave la presque totalité de la matière sucrée qu'elle renferme, en obtenant un liquide presque aussi chargé de sucre, que le jus exprimé des betteraves sur lesquelles on opère.

Les circonstances de l'exploitation de Boville ne pouvant me permettre d'y établir avec avantage une fabrique de sucre permanente, j'ai dû renoncer, depuis cette époque, à continuer les travaux auxquels je m'étais livré; mais ils ont été repris à la même époque et continués par un fabricant fort industrieux, qui a exécuté et employé, avec un succès non contesté, pour l'opération de la macération, un appareil un peu différent de celui que j'avais proposé. Cet appareil fonctionne à Narcé, près d'Angers, dans la fabrique de M. de Baujeu qui en est l'inventeur et qui l'a établi en vertu de l'autorisation qu'il m'a formellement demandée, et que je lui accordai gratuitement ; un grand nombre de personnes ont déjà pu observer et apprécier les résultats de cet appareil. Quoique je ne l'aie pas vu moi-même, je crois pouvoir, d'après des rapports nombreux, me former des idées nettes sur son action et ses résultats ; et j'ai cru devoir consacrer ce cahier à l'examen de cet appareil, en comparant les effets qu'il produit avec ceux que l'on peut attendre de l'emploi de celui que j'avais proposé.

Dans l'appareil de M. de Baujeu, les vases de macération sont disposés de même que dans le mien ; les betteraves découpées y sont également tenues plongées dans l'eau, et la marche de l'opération est entièrement la même. La seule circonstance importante par laquelle son appareil diffère du mien, c'est que l'opération à laquelle j'ai donné le nom de *viremens*, et à l'aide de laquelle le liquide est transmis successivement d'un cuvier dans l'autre, s'exécute chez lui d'une manière continue, et par la seule pression hydrostatique, tandis que j'ai proposé d'exécuter les viremens successivement dans chaque cuvier et par l'emploi d'une force mécanique. Pour atteindre au résultat qu'il a obtenu, M. de Baujeu place toutes ses cuves de macération au même niveau, et la partie inférieure de chacune communiquant, à l'aide d'un tuyau, avec la partie supérieure de la suivante, le liquide descend constamment dans toutes les cuves à travers les tranches de betteraves, au moyen de la pression opérée par une addition constante d'eau dans la dernière cuve. Dans cette combinaison, il a fallu réchauffer le liquide dans son passage d'une cuve dans l'autre, tandis que dans mon appareil, c'est dans les cuves mêmes que le réchauffement s'opère. M. de Baujeu a obtenu cet effet, à l'aide d'un manchon, enveloppant chaque tuyau de communication, et dans lequel on introduit la vapeur qui échauffe le liquide qui monte dans le tuyau.

La macération a donc lieu dans un appareil comme dans l'autre ; mais la filtration du liquide, à travers les tranches de betteraves, est continue dans celui de M. de Baujeu, tandis qu'elle est intermittente dans le mien, puisqu'elle s'opère successivement dans chaque cuvier, au moment où l'on exécute le virement. Le principe de l'opération est entièrement le même dans les deux : c'est celui qui constitue l'invention du procédé de *macération* substitué à l'action mécanique des presses et des râpes ; et les deux appareils ne diffèrent que par une circonstance accessoire au principe de l'opération, la continuité ou l'intermittence de la filtration ; ce qui s'exécute par l'appareil de M. de Baujeu est donc bien le procédé de macération, dans le sens naturel de ce mot et dans le sens que j'ai toujours entendu lui donner ; et il ne peut s'élever aucun doute sur cette question dans l'esprit des hommes éclairés. Je prie que l'on me pardonne cette observation : elle m'a paru nécessaire afin d'éviter que l'on présente mon silence à cet égard, comme une reconnaissance tacite d'une prétention qui ne pourrait se soutenir un seul instant.

L'appareil de M. de Baujeu offre une disposition fort ingénieuse, puisqu'elle permet de supprimer l'ouvrier qui exécute les viremens, ces derniers s'opérant par le seul effet de la pesanteur du liquide. Toutefois, cette combinaison donne lieu à quelques considérations que je crois devoir présenter ici : on conçoit facilement que pour que l'opération s'exécute avec régularité dans la filtration continue, il est indispensable que le liquide qui arrive à la partie supérieure d'un cuvier se répande d'abord en couches d'une épaisseur uniforme sur la surface de ce dernier, et que ces couches descendent ensuite sans perdre leur horizontalité, et sans se mêler les unes aux autres, jusqu'à ce que chacune trouve son issue à la partie inférieure du cuvier. Les choses se passeraient ainsi, du moins avec assez de régularité, si le cuvier ne contenait que du liquide, parce que celui qui arrive du cuvier précédent est toujours d'une densité un peu moindre que celui auquel il se superpose. Mais cette différence étant très-peu considérable, la plus légère circonstance peut suffire pour altérer l'horizontalité et le parallélisme des couches de liquide ; et quelques soins que l'on apporte à disposer uniformément la masse des tranches dans le cuvier, il est bien difficile de croire qu'il soit possible d'éviter quelqu'inégalité dans la transmission du liquide à travers cette masse. Si une partie s'est trouvée plus perméable, toute l'économie de l'opération est dérangée.

D'une part, une portion des tranches sera moins complétement épuisée, et de l'autre, le liquide sortira du cuvier sans atteindre au degré de densité qu'il devrait avoir. Lorsqu'au contraire, on procède par viremens successifs, comme je le fais, les tranches étant plongées pendant un temps déterminé, par exemple, une demi-heure dans le liquide en repos, ce dernier a un temps suffisant pour se charger des parties sucrées selon les lois de l'affinité, et pour épuiser à un degré uniforme toutes les parties de la masse des betteraves, sans que les différences de perméabilité de cette masse y exercent aucune influence.

Je viens d'indiquer l'inconvénient que j'ai entrevu, dès l'origine, dans l'exécution du procédé de filtration continue ; et j'ai lieu de croire que les résultats obtenus dans l'appareil de M. de Baujeu ont justifié cette prévision, c'est-à-dire qu'avec le même nombre de cuviers, on ne peut obtenir, par la filtration continue, ni le même degré d'épuisement des tranches, ni la même densité aréométrique dans le liquide, qu'en procédant par viremens successifs. D'un autre côté, il y a à dire en faveur de l'appareil continu, qu'on peut, sans augmenter le travail, accroître le nombre des cuviers, afin d'obtenir un épuisement plus complet des tranches. Il restera à déterminer par l'expérience, si, à l'aide de cette augmentation, il sera possible d'épuiser complétement les parties de la masse qui se seraient trouvées moins perméables que les autres, et si le liquide ne se portera pas toujours de préférence vers les parties les plus perméables, déjà suffisamment épuisées.

Je n'ai pas l'intention de détourner de l'essai de l'appareil continu, les personnes qui seront disposées à le tenter, d'autant plus qu'on pourrait toujours convertir l'appareil continu en un appareil successif avec une dépense peu considérable. J'ai cru devoir toutefois présenter ici ces considérations, parce que j'avais lieu de craindre que l'on ne portât un jugement erroné sur les résultats que l'on peut obtenir par l'appareil successif, d'après ceux que présenteront peut-être les appareils continus ; les personnes qui font usage de ce dernier appareil pourront facilement vérifier si ces prévisions sont fondées, et si la continuité a entraîné quelque déperdition de matières sucrées. Elles pourront, à cet égard, placer la plus grande confiance dans les résultats obtenus à l'aide de l'appareil successif, comme je les ai indiqués dans le premier cahier de ce bulletin : ainsi, avec une série composée alternativement de 5 et 6 cuviers, on doit obtenir l'équivalent de quatre-vingt-onze pour cent des parties sucrées contenues dans la betterave ; c'est-à-dire qu'on doit recueillir pour cent kilogrammes de betteraves, environ cent litres de liquide marquant à l'aréomètre seulement un demi degré de moins que le jus exprimé des mêmes betteraves, l'un et l'autre après la défécation. Tel est le critérium auquel je pense que l'on fera bien de soumettre les résultats de l'appareil continu, si l'on veut les comparer à ceux que l'on obtiendra certainement à l'aide de l'appareil successif. Si l'appareil continu supporte victorieusement cette épreuve, la préférence devra certainement lui être donnée ; dans le cas contraire, il y aura à mettre en balance la perte de matière sucrée qu'il entraînerait, avec l'économie de main-d'œuvre qu'il procure ; et je pense qu'à cet égard, on peut considérer cette économie comme se bornant au salaire de deux ouvriers travaillant successivement pendant les 24 heures ; car un homme suffira toujours pour exécuter le travail des viremens, si ce n'est dans les fabriques où le travail serait établi sur un pied colossal.

On a dit aussi que le liquide provenant de la filtration continue doit être moins sujet aux altérations, parce qu'il n'est pas mis en contact avec l'air, non plus que les tranches de betteraves, comme cela a lieu dans le travail des viremens ; mais je pense qu'on peut considérer cet inconvénient comme entièrement chimérique, et il n'existe aucun motif raisonnable de croire que les matières contenues dans la betterave puissent subir aucune altération nuisible à la fabrication, pendant l'opération des viremens, pourvu que la masse soit tenue à un degré de température un peu élevé, comme cela a nécessairement lieu dans le travail de la macération.

Pour les personnes qui voudraient essayer le travail des viremens successifs, je crois devoir ajouter ici quelques considérations à

celles que j'ai publiées dans le premier cahier du bulletin. La
seule difficulté de quelqu'importance qu'on doive s'attendre à ren-
contrer dans ce travail, consiste, comme je l'ai déjà dit, dans la
brièveté de l'espace de temps pendant lequel on doit exécuter
le virement de tous les cuviers. J'ai proposé de fixer à une demi-
heure l'intervalle entre les viremens, d'abord parce que cet espace
de temps est suffisant pour que l'action de l'affinité s'exerce complètement entre le liquide et les tranches, et ensuite parce que je
suis convaincu qu'on pourra toujours disposer les choses de manière à exécuter le travail matériel du virement dans cet intervalle,
même avec les cuviers de la plus grande capacité ; cependant on
comprend bien que rien ne s'opposerait à ce qu'on fixât une plus
longue durée, par exemple, 3/4 d'heure ou une heure, pour chaque
macération : le travail des viremens deviendrait beaucoup plus
facile, mais on ferait moins d'ouvrage dans la même proportion
avec des cuviers d'une capacité donnée. Comme il importe, par
conséquent, d'abréger autant qu'on le peut cette opération, on
fera bien de tout disposer de manière à faciliter l'écoulement le
plus prompt possible du liquide contenu dans les cuviers, car il
n'y aura pas de difficultés réelles à transporter le liquide dans le
cuvier suivant, à mesure de l'écoulement. Afin d'abréger la durée
de ce dernier, le double fond devra être très perméable ; par
exemple, en toile métallique, avec des mailles de deux ou trois
lignes d'ouverture. L'ouverture du tuyau de vidange devra aussi
être fort large, et se fermer par un clapet plutôt que par un ro-
binet, comme je l'ai dit dans le premier cahier. Une circonstance
qui contribue beaucoup aussi à faciliter l'écoulement du liquide à
travers la masse des tranches, est que ces dernières ne soient pas trop
minces ; car alors elles se tassent lorsque la coction est opérée, et
elles retiennent entr'elles une plus grande quantité de liquide. Je me
suis assuré que la macération s'opère complètement, dans l'espace
d'une demi-heure, sur des tranches de 6 millimètres d'épaisseur,
et je crois qu'on fera bien de ne pas chercher à les faire plus
minces. Il est certain, toutefois, que, quelques précautions que
l'on prenne, lorsque la plus grande partie du liquide sera écoulée,

il en restera encore une certaine quantité interposée entre les tranches, et retenue par une affinité de surface ; en sorte que si l'on
voulait recueillir jusqu'aux dernières gouttes du liquide, il fau-
drait attendre pendant beaucoup plus long-temps que ne peut le
permettre le travail des viremens ; mais cela est superflu, et la
petite quantité de liquide qui se trouvera ainsi mêlée à la macération suivante, n'apportera pas de changemens notables dans la
marche de l'opération.

Le cuvier de la tête, c'est-à-dire celui dans lequel on place des
betteraves fraîches, mérite une attention particulière, parce que
c'est pour lui spécialement qu'un temps suffisant pourrait manquer
pour la macération, puisqu'il faut déjà un certain temps pour
y échauffer les betteraves au degré nécessaire pour y détruire le
principe de vie, instant avant lequel les effets de la macération
ne s'opèrent pas. C'est par ce motif qu'il sera convenable de donner
beaucoup de puissance à l'appareil de chauffer des cuviers, c'est-
à-dire de faire, en sorte que les tuyaux de réchauffement présen-
tent une grande surface, si l'on emploie ici la circulation de la
vapeur pour cet échauffement. Pour les autres cuviers que celui
de tête, cette circonstance ne serait nullement nécessaire ; et une
consommation très-peu considérable de vapeur suffira pour les
entretenir au degré convenable ; mais comme tous les cuviers
viennent se placer tour-à-tour à la tête, il faut faire, dans tous,
les dispositions d'un chauffage énergique.

C'est surtout dans ce cuvier de tête que serait très-utile le mode
de chauffage à vapeur mélangée, parce qu'en introduisant de la
vapeur sous le double fond, et avant l'introduction du liquide dans
le cuvier, on opère la coction des tranches de betteraves en très-
peu de temps. J'ai cru devoir dissuader de ce mode de chauffage
dans le premier cahier, parce qu'on ne peut guère éviter, en
l'employant, de perdre quelque chose sur le degré aréométrique
du liquide obtenu ; cependant, il est certain qu'en opérant ainsi
la coction des betteraves par une quantité additionnelle de vapeur,
et en supposant qu'on employât toujours pour les macérations,
une quantité d'eau à peu près égale en poids à celui des betteraves,

on épuiserait ces dernières plus complètement ; et il est vraisemblable qu'avec une série de 5, 6 cuviers, on obtiendrait, par ce
moyen, l'équivalent de 93 ou 94 pour cent du jus des betteraves,
ce qui serait acheté par l'affaiblissement d'un quart de degré
environ du liquide. Là où le combustible est à bas prix, cette
combinaison pourra être profitable. L'emploi de la vapeur pour
opérer la coction des tranches avant l'introduction du liquide
dans le cuvier, offrirait un avantage fort important, parce qu'on
pourrait ainsi emplir un peu à l'avance ce cuvier et en opérer la
coction, sans être aussi gêné par la durée du travail des vi-
dinions. Le chauffage à vapeur mélangée conviendrait d'ailleurs
très-bien pour le réchauffement de tous les autres cuviers, en supposant qu'on introduirait l'eau chauffée à l'avance dans le cuvier
de la queue ; et cette disposition offrirait tant d'économie dans la
construction de l'appareil, que je ne serais pas surpris que beaucoup de fabricans lui donnassent la préférence.

La fabrication du sucre ne sera pas, je pense, la seule application que trouvera le procédé de macération des betteraves. En
Allemagne, on fabrique déjà de la bière avec le jus exprimé de
ces racines. A l'aide de la macération, cet emploi de la betterave
pourra peut-être prendre une grande extension. Quant à la fabrication de l'eau-de-vie, on peut juger quel avantage offrira pour la
distillation, une matière entièrement liquide, et qui permettra
l'emploi des appareils continus adoptés avec tant de succès dans
le Midi. Je crois que lorsque cette question sera examinée, la préférence qui a été donnée jusqu'ici à la pomme de terre pour la
préparation de l'eau-de-vie, sera dévolue à la betterave traitée par
le procédé de macération ; et il est vraisemblable que de toutes
les substances dont on peut extraire l'alcool, on trouvera que c'est
la betterave qui peut le donner au prix le plus bas, au moyen de
ce procédé.

NANCY, IMPRIMERIE DE HISSETTE-BRÉANT, RUE DES MARÉCHAUX, N° 17.

www.ingramcontent.com/pod-product-compliance
Lightning Source LLC
LaVergne TN
LVHW021817060726
842528LV00004B/1384